時の変化を忘れるな

～浜名湖北部の開発から静岡県西部の発展へ～

大谷政泰

時の変化を忘れるな

目次

浜名湖北部用水事業の始まり

～天竜川下流から袋井市への発展～

愛知県の豊川用水事業の主目的は、愛知県の渥美半島先端にあった旧軍用地の開発で、静岡県の天竜川の水を利用し地域の開発を一体的に行う計画であったが、静岡県の三ヶ日町が分水土を作る直前になって分担金の額が町財政に耐えられないとの理由で参加拒否する。

しかし水が足りないことには変わりはない。伝染病である赤痢、疫病が発生すると川伝いに伝染し死者がバタバタ出る。

これを重くみた時の県知事竹山祐太郎が、平山博三浜松市長に浜名湖北部用水土地改良区の設立とその理事長を命ずると、共水源として都田川防災ダムの嵩上げによる水源確保を命ずる。

平山博三市長は浜松市役所に引佐町、細江町、三ヶ日町の議長と町長を集める。工事期日は10年以上が予想され、各市町・町長・議長の任期は4年。一番の関心事は地元負担金の負担割合である。

誰れ云うとなく工事が終るまでに決めればよいではないかで結論を出そうとしない。すると平山市長が、決めないのなら各町の徴税権限を知事に云って取り上げると云う。取り上げられたのでは各町とも行政の運営が出来ない。結論として、面積割、水量割半々で決着する。世の中のこと、物分りが良いだけでは、前に進めないこともある。これは大きく云えば国家でも同じと今の世界の状況を見て強く感じる。

工事の着手前に都田川の現地に農業用水と工業用水の担当者が集合した。その結果、農業側は左岸側、工業用水は右岸側に、着工は一緒にと基本方針が決まる。

工業用水は将来の水需要の増大を見込み、袋井市の太田川の上流にダムを作り水源を確保し、湖西市迄の水を確保する。農業用水側は細江町と三ヶ日町に大貯水池を作ると共に、ポンプアップを多用する計画を立てるも、後任の農林省技官によりその内容が大幅に変る。この人は田中角栄さんに重用されたと云う。

今にして思う田中角栄さんの偉大さは、新潟県に旅行したとき田中角栄記念館を見たが、正に不世出の政治家と云うべきか。角栄さんが重用されたこの人は兵庫県の生まれで、所長職は2年位で代わると云われたのを5年だか6年に亘り務めた。

これには当時鳴物入りで騒がれた静清庵事業が頓挫し県国の面子

の丸潰れにより90億円の損失を出したことが当方にはプラスに作用したかも知れない。
何によらず新事業とはむずかしいものである。

以下は農業用水工事について初めに山頂に５０００トンの水槽を作る。川から水を上げる。此所から受益地２４００ヘクタールに水を配る水槽から水を引く管踏の建設に入る。現場は山の屋根、地元の人達も関心をもって見ている。

山の頂の周りの畑も利用するのでないかと聞くと農林省の役人は最新の機械を使うので利用しないと云い感心して帰る。しかし施工業者が周囲の農家に利用のお願いに回る。農林省の信用は一辺に地に落ちる。

農林省の役人は信用ならんと云うことで数ヵ月に亘って地元の人が工事現場を監視した。

工事は進む。現場の山は急傾斜地に架かる管の埋設を砂基礎で行うと云う。危険を感じ市町長と共に東京の農政局まで行き管種を鋼管に変えるよう陳情し水路全体が鋼管となり事業は進む。

後は幹線の末端は山頂から標高30メートル位の所に変わる。

後でわかったことだが湖西市の農協組合長が元県の高官であったので、浜松市の力を利用し、湖西市まで水を引くことを考えたらし

郵便はがき

料金受取人払郵便

小石川局承認

6163

差出有効期間
令和6年3月
31日まで
(期間後は切手をおはりください)

112-8790

105

東京都文京区関口1-23-6
東洋出版 編集部 行

本のご注文はこのはがきをご利用ください

●ご注文の本は、小社が委託する本の宅配会社ブックサービス㈱より、1週間前後でお届けいたします。代金は、お届けの際、下記金額をお支払いください。

お支払い金額=税込価格+手数料305円

●電話やFAXでもご注文を承ります。

電話 03-5261-1004　FAX 03-5261-1002

ご注文の書名	税込価格	冊　数

● 本のお届け先　※下記のご連絡先と異なる場合にご記入ください。

ふりがな
お名前　　　　お電話番号

ご住所　〒　　－

e-mail　　@

ご記入いただいた個人情報は、お問い合わせへのお返事、ご注文の商品発送、新刊・企画などのご案内以外の目的には使用いたしません。

東洋出版の書籍をご購入いただき、誠にありがとうございます。

今後の出版活動の参考とさせていただきますので、アンケートにご協力いただきますよう、お願い申し上げます。

● この本の書名

● この本は、何でお知りになりましたか？（複数回答可）
1. 書店　2. 新聞広告（　　　　　新聞）　3. 書評・記事　4. 人の紹介
5. 図書室・図書館　6. ウェブ・SNS　7. その他（　　　　　　）

● この本をご購入いただいた理由は何ですか？（複数回答可）
1. テーマ・タイトル　2. 著者　3. 装丁　4. 広告・書評
5. その他（　　　　　　）

● 本書をお読みになったご感想をお書きください

● 今後読んでみたい書籍のテーマ・分野などありましたらお書きください

ご感想を匿名で書籍のPR等に使用させていただくことがございます。
ご了承いただけない場合は、右の□内に✓をご記入ください。　□許可しない

※メッセージは、著者にお届けいたします。差し支えない範囲で下欄もご記入ください。

●ご職業　1.会社員　2.経営者　3.公務員　4.教育関係者　5.自営業　6.主婦
7.学生　8.アルバイト　9.その他（　　　　　　）

●お住まいの地域

都道府県　　　市町村区　男・女　年齢　　歳

ご協力ありがとうございました。

い。行政とは県市町村とそれぞれ独立したもので有ると云う。認識がなかったと云う以外にない。

この件以後、毎年1回市町長と共に大蔵省まで陳情に行くようになった。大蔵省の本省と云う所、庁舎内に入るには国会議員の秘書による受付を通らないと中に入れない所、今でもこの制度は変わっていないと思う。他の省庁も同じかは確めていないが恐らく同じだろう。

最近中央省庁の一部を京都に移す案があるようであるが、この官庁制度も一緒か、難儀なことに思える。

条約とは国と国の約束、日本の言葉で云えば一心同体、時の外務大臣が結んだので有るけれども、政治に不馴れと云えばそれまでだが、ヨーロッパのように騙す騙されると云う経験のないのが日本の最大の欠陥か。

日本が国際政治に顔を出すに際して最大の気配りを要する点か、敗戦と云う代償を払った以上、政治家は特に気を遣って貰わないと困る。

今は通信手段も変わっているようだから、特に用心を願いたい。年寄りの出る幕ではないが念のため。

ソ連と云う所、第一次世界大戦前から、国際ルールなど全く神経を使わない所である。例としてカチンの森の大量の人骨、これは捕虜の死体の骨とみた。

国際法違反の始まりは、日本がソ連と不可侵条約を結んだところから。国連の常任理事国の資格なしを証するもの。ウクライナがソ連圏に入った理由は知らぬ。

報道によると捕虜としての扱いは人道的でそんなに悪くはなかったと云う。ソ連も中国も多民族国家で、政権が変わる毎に極端に政策が変わる。

日本人には理解不能であるが、日本の政治家も商人もいいかげんに気がつかないと日本と云う国も無くなる。

私も今85歳で後そんなに長くは生きないと思うから、死後のことまで心配してもどうにもならぬ。

日本と云う国

日本と云う国、昔から災害大国である。これが近隣諸国との交際における失敗の原点となっている。一番良い方法は徳川家康の取った鎖国だと思う。次いでに鎖国の理由について私なりの考えを述べたい。

徳川政権は秀吉の政権を引継ぎ、政権の座につく。秀吉政権下にはキリスト教信者がいくつかいた。

それが南方国から万一のときには出兵の義務を負されていた。これは国としての権利侵害に当たると思われた。そこに島原の乱である。これが針小棒大にみられ鎖国に繋がったとみる。

鎖国とは悪いことばかりに云われるが、ヨーロッパで17世紀にペストの大流行で人口の40%だかが死に絶えたと云う。これも発生地は中国と云う。日本は鎖国で入って来なかった。

明治に入り、外国人と共に入って来たものに性病がある。おかげで早く夫を亡くした人の夜ばいの楽しみも無くなった。

今はコロナ騒ぎで、夏祭りの中心たる屋台の引廻し、若者のねり等も消えるか、世の変化とはいつも考えの及ばない所から、突然にやってくるものらしい。世の変化を予想などせず、天命に任せるしかないか。

災害大国、水害だけは防ぎたい。起きた後に騒ぐが、一番関心の薄い人種は金持ちと政治家と称する人種か。

政治家は特に夢を語るのが好きなようであるので、熱海の伊豆山の土砂崩れにより30人近くの死者、その原因について議論が有るようであるが、どんな議論をした所で死者が生き返るなんてことは絶対にない。

死を防ぐには人間の様々な経験と本能に頼るしかない。しからばその本能はどうすれば身につくか。参考の一つとして、大正時代の終りに関東大地震があった。

神奈川県の根布川の山津波100~300立方メートルの土砂が集落170戸をのみ込み、東海線根布川駅に停車中の列車が地滑りによって海中に転落、乗客112人が死亡する事故を起こしている。今回の伊豆山と根布川とは直線距離では10キロとは、はなれていない。

これをどう見るかは各人の自由。大正のときは第一次世界大戦が終り、世界不況の入り口とも云うべき時、万国共通であるが、政府に無限の力があると思うのは皆同じ、しかしどの国も世界の一つ、一つだけ良くなるなんて事はあり得ない。戦争を防ぐためにも強い力が要る。

朝鮮動乱のように外から一方的に来ることもある。今の韓国、この事実さえ知ろうとしない人が少なくない。

少し説明しよう。ソ連の命令により、北朝鮮軍が南朝鮮（今の韓国）を占拠しようとして始めた事件である。実質的米軍の管理下の地、当然米軍は怒る。動乱の始まりである。

朝鮮と云う所、中国の一部とみなされ中国が弱くなると国と云い皇帝まで作る。民衆のことは考えず、外の環境が悪くなるとソウルの西の小さな島に閉じこもると云う。独立した国家等作った経験のない所である。

中国朝鮮は日本の事を外夷と云うらしいが、日本は平安時代の末だか戦国時代の始めに中国との交流を止めた（遣唐使の廃止、これが日本の独立のはじまりと思っている）。

関東大震災は日露戦争後の大正文化の一番良い時に起きた。それから一機に不況となり、東北では餓死する人がある始末。

南北アメリカでは、日本人の受入拒否に遭っていた。この受入拒否の理由、私の推測では、日本人と中国人は肌の色が一緒。アメリカのルーズベルト大統領の母方は、中国人の奴隷買いで巨万の富を得た人、奴隷は自己主張等しない。

アメリカへの入植はヨーロッパ人は白人、日本人が中国人と同一視され、奴隷は自己主張しない日本人は「ケシカラン」と排除につながったのが私の見当。

生き残るために始めた日露戦争の唯一の戦利品である満州鉄道沿線への入植。ところが満州は清朝の出身地で他民族が入ることは固く禁じられていた。

清朝の力が弱まり、日本の商社が入ると、中国人の大量流入、馬賊の発生、日貸排斥、日中戦争、大東亜戦争、太平洋戦争であるが、中国、朝鮮は日中朝戦で中朝が戦勝国と思っているようである。

それを証するのが日本の独立式典に韓国初代大統領が日本の独立式典に戦勝国として参列しようとして米大統領に戦争に参加していないとの理由で参列を拒否されたこと。

何人目かは知らぬが韓国の元大統領、日本の島根県の島を唯一の戦利品とうそぶいて居るようでは近くても断交し、日本に居る朝鮮人も全員自分の国に帰って貰うのが一番かも知れないが、何せ自分にも居場所のない人達、何せアメリカの云う事も聞かない人達である。

日本人のやさしさが国を亡ぼすことにならねばよいがと心配するだけで、良案は見つからぬ。高級役人と云うもの、お天々が良いので口だけはうまい。権力だけはほしがるが国民の命、生活を守ることには余り気がないようである。

私は旧日本軍の兵士6万人を集め、食糧は現地調達で東南アジアに出兵し、全員食糧不足で死に絶えた事件を思い出した。このことに関し責任を取った者なし。

今一つ、私の感ずる日本人の性格、権力のある者から命令されたことは、時代が変わっても、世界が変わっても時の流れを知ろうとしない。その具体例を示そうと思う。

日本は第二次世界大戦中アメリカを相手に戦争をしていた。その時ソ連とは不可侵条約を結び相手を信用仕切っていた。

日本は対米戦争で敗色が濃くなると、日米の調停をソ連に頼むとともに敗戦の降伏の日まで伝えていたようである。

その降伏の予定日の5日前、突然、日ソ不可侵条約の破棄と対日宣戦布告である。

その結果、日本は敗戦、中国戦線にいた日本兵数十万人が捕虜となり、ソ連各地に送られ十分な食糧もなく餓死した者が多かったと云う。

今話題のウクライナに送られた日本兵は帰国後、扱いは人道的で感謝していたと云う。

中国に送られた人は日本は悪魔の国として教育され、日本に帰国時、日本政府からの慰労品を全部海に投げ捨てた光景を今でも思い出す。

ソ連も中国も多民族国家で政権が変わる毎に極端に政策が変わる。これが日本人には理解不能、用心と云う以外手はなし、日本の政治家、学者、商人もいいかげんに気がつかないと、日本と云う国家が無くなる。

今一つ、気になったニュース、フランスの学者だか科学者だか知らぬが民主主義が生まれた理由の話。

天候が雨天続きで麦の不作が続き、食糧難により国民の生存もむずかしくなる。これは国王の責任だとして、国王を殺す。次の国王も同じ理由で殺す。四人だかを殺す。国王を殺しても天候は良くならないとして始まったのが平民から選ぶ方法（民主主義）の誕生である。

今の建設省、昔の役人とは違う。国民の命を守ることに全力を傾ける組織である。昔の日本軍のように悪く見てはならぬ。十分信用のある組織である。私も浜松市長さんに手紙を出したら、浜松市役所の土木部の職員が佐久間ダムの現地に行き、建設省の防災工事の内容を調べ、報告をいただきました。これで天竜川の水害は昔の話になりました。今は、役人さんに感謝するのみです。

今一つ、フランスで民主主義の生まれた話。長雨ということですが、これには日本の郡馬県の浅間山の噴火が関係しているように思える。現地には東大の研究所も有るようだから、これが民主主義の誕生となれば世界の大発見であり、民主主義国家として、フランスと日本が世界に誇れる、明るい大発見と思う。

あと一つ、欲をいえば、静岡県と山梨県と長野県と協力して南アルプスを国立公園化し、観光地化に成功すればこれ以上の喜びはないと思っている。

時《とき》の変化《へんか》を忘《わす》れるな

浜名《はまな》湖北部《こほくぶ》の開発《かいはつ》から静岡県西部《しずおかけんせいぶ》の発展《はってん》へ

発行日　　2022 年 12 月 12 日　第 1 刷発行

著者　　大谷 政泰（おおたに・まさやす）

発行者　　田辺修三
発行所　　東洋出版株式会社
〒 112-0014　東京都文京区関口 1-23-6
電話　03-5261-1004（代）　振替　00110-2-175030
http://www.toyo-shuppan.com/

印刷・製本　日本ハイコム株式会社

ISBN 978-4-8096-8675-7　定価はカバーに表示してあります

ISO14001 取得工場で印刷しました